BEI GRIN MACHT SICH IHR WISSEN BEZAHLT

- Wir veröffentlichen Ihre Hausarbeit,
  Bachelor- und Masterarbeit

- Ihr eigenes eBook und Buch -
  weltweit in allen wichtigen Shops

- Verdienen Sie an jedem Verkauf

Jetzt bei www.GRIN.com hochladen
und kostenlos publizieren

Inszenierung von Wien. Eine Stadt als Bühne

Richard Harksen

Bibliografische Information der Deutschen Nationalbibliothek:

Die Deutsche Nationalbibliothek verzeichnet diese Publikation in der Deutschen Nationalbibliografie; detaillierte bibliografische Daten sind im Internet über http://dnb.d-nb.de abrufbar.

ISBN: 9783346804518
Dieses Buch ist auch als E-Book erhältlich.

© GRIN Publishing GmbH
Nymphenburger Straße 86
80636 München

Alle Rechte vorbehalten

Druck und Bindung: Books on Demand GmbH, Norderstedt Germany
Gedruckt auf säurefreiem Papier aus verantwortungsvollen Quellen

Das vorliegende Werk wurde sorgfältig erarbeitet. Dennoch übernehmen Autoren und Verlag für die Richtigkeit von Angaben, Hinweisen, Links und Ratschlägen sowie eventuelle Druckfehler keine Haftung.

Das Buch bei GRIN: https://www.grin.com/document/1321129

Ruhr-Universität Bochum, Geographisches Institut

Die Inszenierung von Wien -

Wenn eine Stadt zur Bühne wird

Richard Harksen
Seminararbeit

Inhaltsverzeichnis

1. Einleitung

Die Inszenierung von Kultur, Raum und Atmosphäre ist ein probates Mittel im Stadtmarketing, das in seiner Bedeutung, insbesondere in Bezug auf das Image einer Stadt, stark angestiegen ist. In der Stadtplanung beschäftigen sich immer mehr Menschen mit der Kultur eines Ortes, um jene sowohl regional als auch national und international zu vermarkten, was zur Folge hat, dass das Signet einer Stadt zunehmend auf ihrer Kultur basiert (Musner 2009: 17). So stehen Großstädte um die Anwerbung von Touristen in Konkurrenz zueinander, was zur Folge hat, dass sich Städte zu Produkten entwickeln, dessen Image nur von enormer Wichtigkeit sein kann (Hatz 2009: 299). Stadtmarketing ist in Wien von großer Bedeutung, um für Besucher einen Ort voller Attraktivität zu schaffen; im Zuge dessen haben sich innerhalb der letzten Jahrzehnte auch viele Images der österreichischen Hauptstadt abgezeichnet: Wien gilt als Stadt der Gemütlichkeit, als Stadt der Moderne, als Stadt des Barocks, als Literaturstadt, als Architekturstadt und auch als Welthauptstadt der Musik. Die Kultur Wiens ist im Laufe der Jahre zu einem Alleinstellungsmerkmal mit sehr hohem Wiedererkennungswert gereift. Innerhalb der Stadtplanung wird sie zu einem Kernthema, das im Zuge von Veranstaltungen, Inszenierungen und vielen weiteren Bereichen aufgegriffen wird (Musner 2009: 7-24).

Hauptgegenstand dieser Seminararbeit ist jedoch die Inszenierung der österreichischen Hauptstadt. Was ist eine Inszenierung? Welche Kategorien der Inszenierung gibt es? Wie inszeniert sich Wien? Wie äußert sich die Inszenierung Wiens konkret in Beispielen? Welche Vorteile und welche Nachteile ergeben sich aus der Wiener Inszenierung?

Im Anschluss an dieses Kapitel möchte ich zuerst einmal die Frage klären, was eine Inszenierung überhaupt ist und in welchem Zusammenhang sie mit Raum steht. Daraufhin möchte ich die Wiener Kultur im Hinblick auf ihr Stadtmarketing darlegen und im Zuge dessen auch auf die kulturellen und symbolischen Ökonomien eingehen. Der Hauptteil der Seminararbeit soll sich ausschließlich mit der Wiener Inszenierung beschäftigen. Um einen ausreichenden Überblick jener zu vermitteln, möchte ich gerne auf die Produktion, Inszenierung und Erhaltung des historischen Ambientes eingehen, bevor ich mich der Inszenierung Wiener Kultur, sowie der Lichtinszenierung widme. Vor dem Fazit der Seminararbeit thematisiere ich noch knapp die Probleme, welche die Inszenierung einer Großstadt mit sich bringt.

2. Raum und Inszenierung

Um auf die Inszenierung städtischen Raumes in Wien zu schließen, möchte ich im Folgenden kurz erläutern, was der Begriff der Inszenierung darstellt und inwiefern Raum inszeniert werden kann.

Der geographische Begriff der Inszenierung ist im Kontext des Stadtmarketings weitaus unklarer, als man vielleicht zuerst einmal annehmen mag; ein Zusammenspiel von Merkmalen soll trotz dessen eine Vorstellung von dem Begriff bewirken. Das Wort *Inszenierung* entstammt ursprünglich dem Ausdruck des In-Szene-Setzens. Inszenierungen sorgen für eine Veränderung eines Objektes, das nicht zwingend gegenständlicher Natur sein muss; so können Inszenierungen auch Raum produzieren, der beispielsweise kultureller Natur ist (Fülscher 2014: 147). Dabei ist die Absichtlichkeit einer Inszenierung nicht obligatorisch für ihre Existenz (Wilharm 2014: 239).

Fülscher (2012: 146-150) stellt vier verschiedene Formen der Inszenierung heraus: Der erste Inzenierungstypus wird als *effektvolle Präsentation* bezeichnet. Die Inszenierung ist erfolgreich, wenn der Rezipient einem Objekt, beispielsweise mit Hilfe von Licht oder einer exponierten Position, besondere Bedeutung zuschreibt. Inszenierungen können des Weiteren auf Basis einer kognitiven Vorlage entstehen; ein Objekt, das auf Basis eines anderen im Zuge einer *Übersetzung oder Übertragung in eine neue Form* transformiert wird, ist als inszeniert zu bezeichnen. Die *Simulation einer vergangenen Zeit* beschreibt mit der *Kreation einer künstlichen Realität* die letzten beiden Formen der Inszenierung.

Die Inszenierung von Räumen kann sich in der Praxis unterschiedlich äußern. Räume können im Zuge von Festivalisierung und Eventisierung in Städten zu einer Bühne werden, sodass sie kulissenartige Züge annehmen (Lucas 2005: 8); außerdem können Teilräume einer Stadt durch das In-Szene-setzen von Gebäuden, Brücken oder Aufenthaltsplätzen Paradebeispiele städtischer Inszenierung sein.

Die Inszenierung von städtischem Raum im ästhetischen Sinne stellt Lucas (2005: 23) anhand von drei charakteristischen Gestaltungselementen beispielhaft heraus, die ich im Folgenden knapp auf die Inszenierung in Wien beziehen möchte, um jene Merkmale im Laufe der Seminararbeit ausführlich darzustellen. Die erste Ausdrucksform äußert sich in Form von *Kunst als Erlebnis*, die man beispielsweise anhand der Arbeit von Kunsthistorikern im Zuge der Produktion und Erhaltung des historischen Ambientes beobachten kann sowie bei Kunst geprägten Institutionen, wie Museen oder Konzerthallen. Kunstwerke findet man in Wien überall, beispielsweise auch an Gebäuden in Form von Lichtkunst, was mich mit der *Symbolisierung und Inszenierung von Licht und Wasser* zum zweiten Gestaltungselement bringt, dass Lucas als ästhetische Ausdrucksform definiert. Lichtdesign ist in Wien insbesondere seit dem Jahre 2016 ein Thema essenzieller Bedeutung, wenn es um die Inszenierung der Stadt geht. Das letzte der Merkmale beschreibt die *historische Rückbesinnung auf Basis der baulichen und kulturellen Tradition*. Die Wiener Kultur, die sich historisch begründen lässt, ist das prägende Element des Stadtmarketings, das man unter anderem in der Festivalisierung und der kulturellen Ökonomie wiederfindet. Auf Letztere möchte ich insbesondere im Zusammenspiel mit der symbolischen Ökonomie im Folgenden eingehen.

3. Kultur als Aspekt im Wiener Stadtmarketing

Die Kultur einer Großstadt gewinnt mit ihrem Image zunehmend an Stellenwert in der Ökonomie, was unter anderem auch in Wien zu beobachten ist. Vereinfacht kann man die Kultur einer Großstadt im Kontext ihrer Vermarktung in *cultural economies* und *symbolic economies* aufteilen. Der Begriff der kulturellen Ökonomie bezieht sich auf Dienstleistungsbereiche kultureller Betriebe (Musner 2009: 38), sowie Planungen kultureller Institutionen und Veranstaltungen; die symbolische Ökonomie hingegen widmet ihren Fokus vielmehr dem Gefühl, der Atmosphäre und dem Ambiente eines Ortes (Hatz 2009: 299) und vermarktet im Zuge dessen das symbolische und ästhetische Kapital der Stadt (Musner 2009: 39). Im Folgenden möchte ich allerdings erst einmal knapp erläutern, woher Großstädte wie Wien dieses Kapital schöpfen.

Musner (2009: 41-42) betont, dass Städte ihr symbolisches Kapital für eine Vermarktung dessen nicht einfach aus dem Nichts erschaffen können, sondern dass dieses nur produktiv zu verwenden ist, wenn es sich um eine vorherrschende, historisch grundierte und anerkannte Kultur einer Stadt handelt. Das heißt im Grunde genommen, dass die Kultur einer Stadt genug Potenzial bieten muss, das von der Stadtplanung als „Ideenreservoir für Neuerungen" (Musner 2009: 42) genutzt werden kann. Auf Basis dieser Kultur gilt es also eine Stadt im Zuge der kulturellen und symbolischen Ökonomie zu vermarkten und zu inszenieren. Stadtplaner im Marketingbereich können schlussfolgernd kein Image ohne eine gewisse kulturelle Vorlage kreieren, da jenes speziell auf die Stadt zugeschnitten sein muss, um zu funktionieren. Wollen Städte ihr Image mit Hilfe von Symbolen aufwerten, die wenig oder sogar gar nicht im Einklang mit der Historie der Stadt und den Menschen stehen, wird es oftmals als solches enttarnt. Ein passendes, nachvollziehbares Image steigert hingegen sowohl bei den Einwohnern einer Stadt als auch den Besuchern von jener, den positiv konnotierten Wiedererkennungswert. Dieses Image, das zweifellos auch aus einer Ansammlung verschiedener kultureller Entwicklungspfade bestehen kann, die kulturelle und symbolische Ökonomie einer Stadt, wird im Optimalfall auch als kulturelles, historisches Erbe betrachtet (Musner 2009: 41-22). Beispielsweise ist Mozart zweifellos nicht nur einer der bedeutsamsten, sondern auch einer der bekanntesten Musiker, die jemals in Wien gelebt haben und somit auch Teil der musikalischen Kultur der österreichischen Hauptstadt; Konzerte und Opern die noch heute seine Musik spielen führen sein eigenes Erbe und jenes kulturelle von Wien fort.

Im Zuge der Ökonomisierung großstädtischer Kultur entsteht des Weiteren ein Wettbewerb zwischen Großstädten, der dafür sorgt, dass Städte zu Produkten werden, die von Touristen in Form eines Besuches genutzt werden können (Hatz 2009: 299). Kriterien, die eine Stadt zu einem attraktiven Produkt machen, gibt es zahlreiche; auffällig ist allerdings, dass weiche Standortfaktoren insbesondere in Wien im Zuge der symbolischen Ökonomie an großer Bedeutung gewinnen. Wien definiert sich hauptsächlich über „Kultur, Lebensart, Ästhetik und Geschmack" (Musner 2009: 20). All diese Merkmale sind nicht nur als weiche Standortfaktoren zu bezeichnen, sondern über Jahrzehnte hinweg kultureller Teil der österreichischen Hauptstadt.

Ein weiterer Punkt des Wiener Stadtmarketings den ich im Folgenden erläutern möchte ist die Vermarktung von USPs. USP ist eine Abkürzung, die für *unique selling point* steht und bezeichnet in diesem Kontext ein Alleinstellungsmerkmal, das von einer Stadt vermarktet werden kann, welches nahezu nirgendwo auf der Welt erneut gefunden werden kann und somit als einzigartiges Merkmal einer Stadt gilt. Mit der Vermarktung von USPs gewinnt eine Stadt somit auch an Wiedererkennungswert. Die USPs von Wien sind beispielsweise Wien als musikalische Hauptstadt der Welt, Wien als Kaiserstadt und als europäische Kongressmetropole (Hatz 2009: 299) sowie als Theaterstadt, Barockstadt, Architekturstadt und Literaturstadt (Musner 2009: 17). Die Aufgabe der Wiener Stadtplaner besteht eben darin diese USPs in die Stadt einzubauen; einerseits auf der Ebene der kulturellen Ökonomie, die Welthauptstadt der Musik äußert sich in vielen Konzerten und der Wiener Staatsoper, andererseits auch auf der Ebene der symbolischen Ökonomie, eine Kaiserstadt erkennt man unter anderem an ästhetischen Gebäuden und prachtvollen Schlössern. Sowohl die kulturelle als auch die symbolische Ökonomie entwickelt sich zum „bedeutenden Wirtschaftsfaktor der Stadt" (Hatz 2009: 306). Im nächsten Kapitel möchte ich insbesondere auf die Produktion, Erhaltung sowie Inszenierung des historischen Ambientes in Wien eingehen, die innerhalb der symbolischen Ökonomie zu den wichtigsten Aufgaben gehören.

4. Produktion und Inszenierung des historischen Ambientes

Das Ambiente von Wien ist einmalig; die einzigartige Architektur ist allgegenwärtig. Eine Umfrage aus dem Jahre 2005 hat ergeben, dass über 70% der zahlungskräftigen Besucher Wiens die Stadt aufgrund ihres Stadtbildes und der Architektur besuchen (Musner 2009: 15-16). Aber warum ist Wien ausgerechnet bei Kunst- und Architekturliebhabern so beliebt? Wie schafft es Wien das historische Ambiente zu bewahren? Diese Fragen will ich im folgenden Kapitel beantworten.

Zu Anfang möchte ich auf ein Gemälde aus dem Jahre 1761 von Bernardo Bellotto hinweisen. Es zeigt den Ausblick auf Wien vom Schloss Belvedere aus kurz nach Mitte des 18. Jahrhunderts.

Abb. 1: Wiener Skyline im 18. Jahrhundert (Hatz 2009: 300).

Ein Bild, das im Jahre 2002 gemacht worden ist, zeigt die Aussicht vom gleichen Sichtpunkt aus kurz nach der Jahrtausendwende.

Abb. 2: Wiener Skyline im 21. Jahrhundert (Hatz 2009: 300).

Trotz mehrerer Jahrhunderte, die zwischen den beiden Abbildungen liegen, ist die Wiener Skyline weitestgehend unverändert geblieben. Der Vergleich ist so bekannt, dass die Position der Aufnahme mit dem Canaletto-Blick mittlerweile sogar einen eigenen Namen bekommen hat.

In den späten 90er Jahren ist zudem eine Diskussion architektonischer Art entstanden, die für die bauliche Zukunft Wiens ausschlaggebend gewesen ist. Ein Entwurf hat damals die Errichtung von zwölf Hochhäusern vorgesehen, die in der Nähe des Bahnhofes ihren Platz finden sollten. Einsprüche und Proteste von Bevölkerung und Anrainern hatten zur Folge, dass der Entwurf anfangs auf fünf Hochhäuser mit verringerter Gebäudehöhe geschrumpft worden ist, womit sich der Projektbetreiber allerdings nicht zufriedengegeben hat. Der größte Turm hätte mindestens 120 Meter hoch sein sollen, damit sich das Projekt finanziell rentiert. Nach einer hitzigen Debatte ist das Projekt endgültig fallen gelassen worden, um den Status des Wiener Stadtzentrums als Weltkulturerbe nicht zu gefährden und die mit dem Canaletto-Blick historisch begründete Sichtachse vom Schloß Belvedere ins Stadtzentrum nicht zu verdecken (Musner 2009: 59-61).

Mit stadtplanerischen Entscheidungen gegen drastische Veränderungen des Stadtbildes wie der eben beschriebenen setzt Wien die Tradition einer geordneten, gleichmäßig wachsenden Stadt fort. In der österreichischen Hauptstadt ist somit beispielhaft festzustellen, dass vermeintlich imposante Großbauten das Nachsehen haben, wenn sie sich nicht ohne Weiteres harmonisch ins Stadtbild einfügen können. Außerdem impliziert das Verhindern der Großbauprojekte im Zuge der Inszenierung verschiedener Blickwinkel Wiens eine Stärkung des Wiener Image; die Erhaltung und Inszenierung historischer Sichtachsen festigt den Wiedererkennungswert und kreiert zudem touristisches Interesse.

Die Erhaltung des historischen Ambientes hat in Wien eine lange Tradition, die noch weit über jene Diskussion hinausgeht, die eben angesprochen worden ist. Mitte des 19. Jahrhunderts ist in Wien eine maximale Bauhöhe für die Altstadt festgelegt worden bis sie in den 80er Jahren zur Schutzzone erklärt worden ist, die 1700 Gebäude umfasst. Kurz nach der Jahrtausendwende hat die Einführung der UNESCO-Kernzone und einer weiteren Pufferzone den finalen Anstoß gegeben, die gesamte Stadt mit Hilfe einer Schutzzone zu sichern (Hatz 2009: 302).

Die Erhaltung des baulichen Erbes ist in Wien essenzieller Bestandteil der Stadtplanung und in der Realität nur im Zuge vieler Regelungen, Gesetze und der Mitarbeit von Magistratsabteilungen umzusetzen. Die Entscheidungsgewalt letzterer liegt dabei immer häufiger in den Händen von Kunsthistorikern und Architekten, um das Erscheinungsbild der Stadt nicht willkürlich oder unpassend zu verändern. In Wien gilt die Devise, dass die gesamte Architektur im Einklang miteinander stehen muss. Nebeneinanderstehende Gebäude dürfen sich in ihrer Ästhetik nicht widersprechen. Zudem ist die Bauhöhe für jedes Gebäude der Altstadt auf ihr aktuelles Ausmaß begrenzt; der Canaletto-Blick scheint somit nicht länger gefährdet.

Aufgrund der ästhetischen Bedeutung des Stadtbildes für die symbolische Ökonomie müssen Denkmalschutzbehörden und zuständige Magistratsabteilungen jede oberflächliche Veränderung des Aussehens individuell bearbeiten, beobachten und beurteilen. Dabei ist es egal, ob es sich um ein Wohngebäude handelt, bei welchem Fenster ausgetauscht und Fassaden neu gestrichen werden sollen oder ob ein Geschäft die Schaufenster und Auslagen ihrer Produkte ändert: Insbesondere in der Wiener Altstadt sind Veränderungen optischer Natur nur mit einer entsprechenden Erlaubnis rechtens (Hatz 2009: 302).

Die Wiener Innenstadt wird innerhalb ihrer Architektur insbesondere durch die aufmerksamkeitserregenden Fassaden geprägt. Drei Häuser auf der Mariahilfer-Straße, einer Straße, welche die Innenstadt mit dem Bahnhof verbindet, sind exemplarisch für die städtebauliche Planung der Fassaden. Die drei Häuser bilden zusammen eine Häuserwand; die ersten beiden Häuser sind gewöhnliche Reihenhäuser, die sich in ihren architektonischen Details ähneln, während das dritte Haus ein Eckhaus darstellt und den beiden stilgetreuen Reihenhäusern in seiner Detailausbildung widerspricht. Während sich die beiden Reihenhäuser beispielsweise in ihrer Farbe unterscheiden, kombiniert sich sowohl Farbe als auch Material, Relieftiefe sowie horizontale Schattenlinien von den ersten beiden Häusern im Eckhaus, sodass jedes Gebäude der Häuserwand individuell aufeinander abgestimmt ist und sie zusammen als Einheit fungieren (Hueber 2008: 25). Das Beispiel zeigt, dass auch die Fassaden der Wiener Altstadt bewusst inszeniert werden. Fassaden prägen die Optik eines Stadtbildes ungemein, weswegen jenen eine große Bedeutung zugeschrieben wird, die optimale Planungen impliziert. Ästhetische, aufeinander abgestimmte und detailverliebte Fassaden prägen das beabsichtigte Stadtbild der Wiener Innenstadt und inszenieren eine einzigartige Atmosphäre, welche die symbolische Ökonomie begünstigt.

Abb. 3: Fassaden der Mariahilfer-Straße (Hueber 2008: 26).

Zum Ende dieses Kapitels möchte ich festhalten, dass die Popularität der Wiener Architektur das Zeugnis von einem jahrhundertelang andauernden Städtewachstum ist, das in seiner ursprünglichen Idee nahezu unverändert bleiben konnte. Mit Hilfe von Schutzzonen des gesamten Stadtraumes, zahlreichen Gesetzen und Bestimmungen sowie zuständigen Magistratsabteilungen bestehend aus Kunsthistorikern und Architekten, die für jede noch so kleine optische Änderung innerhalb der Altstadt eine gesonderte Genehmigung ausstellen müssen, ist die Erhaltung des historischen Ambientes in der österreichischen Hauptstadt zu bewältigen.

5. Erlebbare Kultur in Wien

Die eigene Kultur steht im Mittelpunkt der Wiener Inszenierung. Der kulturellen Ökonomie der Stadt wird genau wie der symbolischen Ökonomie eine große Bedeutung im Stadtmarketing zugeschrieben. Besucher der österreichischen Hauptstadt möchten sowohl die Atmosphäre von

Wien erleben als auch die Kultur in Form von Museen, Konzerten oder Festen. In diesem Kapitel möchte ich knapp darauf eingehen, wie die Stadt sich im Zuge ihrer kulturellen Institutionen und Veranstaltungen sowie ihrer Festivalisierung selbst inszeniert.

5.1 Inszenierung kultureller Institutionen und Veranstaltungen

Mit der Jahrtausendwende hat es in Wien einen Wandel der kulturellen Institutionen gegeben; einige der etablierten Einrichtungen sind von vielen neuen abgelöst worden (Hatz 2009: 304). Um die Repräsentation der Wiener Kultur sowie den Funktionswandel der City Wiens darzustellen, habe ich zwei verschiedene Beispiele ausgewählt, anhand derer ich jene Aspekte im Folgenden aufzuzeigen versuche.

Regierungsfunktionen Wiens sind seit den 70er Jahren sukzessive aus dem Stadtzentrum verschwunden. Die leerstehenden Gebäude sind daraufhin oftmals der kulturellen Reproduktion zugutegekommen. Ein gutes Beispiel für den Dezentralisierungsprozess politischer und verwaltungstechnischer Institutionen ist die Wiedernutzung der ehemaligen Niederösterreichischen Regierungsgebäude in Form eines Museums. Seit dem Jahre 2005 sind die ehemals politisch genutzten Räumlichkeiten Teil der österreichischen Nationalbibliothek, in der man eine Musikaliensammlung, sowie das Globenmuseum besuchen und besichtigen kann (Hatz 2009: 304-311).

Das zweite Beispiel bezieht sich auf Veranstaltungen der Wiener Sängerknaben. Die Zielgruppe jener Events sind Besucher der Stadt Wien, was zur Folge hat, dass Hatz sie auch als *kulturelle Exportprodukte* bezeichnet: „Kulturelle Produktionen werden zu Performances und Events, die dem kulturellen Export des Image dienen" (Hatz 2009: 314). Die Wiener Sängerknaben erfreuen sich international großer Beliebtheit und werden als Teil der Wiener Kultur gesehen, auch wenn sie auf die Einwohner von Wien klischeehaft und eventuell sogar inszeniert wirken mögen.

5.2 Inszenierung durch Festivalisierung

Wien ist Austragungsort vieler Feste und Events; einige sind Entwicklungsergebnis der Wiener Kultur während andere viel mehr der „*internationalisierten* Freizeit- und Eventkultur" (Hatz 2009: 315) entsprechen. Die in der Regel jährlich wiederkehrenden Feste unterscheiden sich in ihrer Inszenierung, die sich oftmals entweder an die Wiener Bevölkerung richtet oder internationale Touristen in die österreichische Hauptstadt locken soll (Hatz 2009: 316). Im Folgenden möchte ich exemplarisch anhand von drei Veranstaltungen der Wiener Festivalisierung die Stadt Wien als Kulisse jener Events herausstellen.

Den Anfang der Wiener Festivalisierung kennzeichnet das Wiener Stadtfest, welches erstmals im Jahre 1978 gehalten und von der ÖVP eingeführt worden ist (Musner 2009: 247). Im Laufe der Jahre hat sich das von Kunst geprägte Event, welches im Spätfrühling stattfindet und meist über einen Monat lang andauert, zu eine der bekanntesten Veranstaltungen in Wien entwickelt. Im Zentrum der Feierlichkeiten steht wie so oft die Zelebrierung und Inszenierung der Wiener Kultur (Hatz 2009: 317).

Die Wiener Ballsaison ist im Zuge der Karnevalszeit voller Veranstaltungen, die insbesondere für die Wiener Bevölkerung inszeniert wird. Jene Inszenierung erfolgt allerdings nicht nur auf Ebene der Veranstalter, auch die Besucher inszenieren ihre Kleidung mit langen Abendkleidern, Smokings oder Fracks (Hatz 2009: 316).

Das letzte Event, auf das ich verweisen möchte, ist das Donauinselfest, welches sich seit der ersten Verwirklichung im Jahre 1977 über die Zeit „von einem kleinen Kulturfest zum *Mega-Event* der Superlative" (Musner 2009: 251) entwickelt hat. Das Donauinselfest ist das größte Open-Air-Festival Europas bei freiem Eintritt (Stadt-wien.at 2022). Die Zielgruppe des Festivals sind Menschen auf der ganzen Welt; über zweieinhalb Millionen Besucher sind vor der Corona Pandemie durchschnittlich nach Wien gekommen, um das breit gefächerte Programm zu erleben (Musner 2009: 251), dessen Bandbreite mit heimischen Künstlern wie Yung Hurn, internationalen Superstars wie Nico Santos aber auch internationalen Exportschlagern wie der südkoreanischen Musikrichtung K-Pop Besucher aus aller Welt in die Donaustadt locken soll (Stadt-wien.at 2022). Abschließend sei erwähnt, dass insbesondere die vielen Feste und Veranstaltungen der Mozartstadt dafür sorgen, dass die gesamte Stadt Wien an sich inszeniert und somit zu einer riesigen Bühne wird.

6. Die Wiener Lichtinszenierung

Straßenbeleuchtung findet man in Wien seit über 300 Jahren. Anfangs erhellten mit Klauenfett eingeriebene Lampen die Wiener Innenstadt, bevor Gaslaternen und Leuchtstofflampen die Beleuchtungstechniken weiterentwickelt haben. Im Jahre 2010 sind die ersten LED-Leuchten in der österreichischen Hauptstadt eingeführt worden, die seither die Wiener Straßen aufleuchten lassen. 6 Jahre später sind allein in Wien bereits über 150000 Beleuchtungsanlagen gezählt worden, die eine steigende Bedeutung des Faktors Licht in der Stadtplanung nahelegen (Stadt Wien 2016: 11).

Insbesondere seit dem Jahre 2016 und der Publikation „Licht 2016 – Der Masterplan" ist die Nutzung von Licht aus sicherheitstechnischen, strukturellen und natürlich auch ästhetischen Gründen ein Schlüsselelement in der Wiener Stadtinszenierung. Der Plan soll die Wiener Beleuchtung bis zum Jahre 2031 festlegen, zudem er auch flexibel verändert und angepasst werden kann. Der Masterplan soll dabei als 15-jährige Grundlage für das Lichtmanagement der Kaiserstadt dienen, die, je nach den jeweiligen Ansprüchen die ein Ort, ein Event oder eine Situation mit sich bringt, individuell verändert werden kann (Stadt Wien 2016: 5). Im Folgenden möchte ich erläutern, welche Ziele die Stadt Wien im Zuge des Masterplans Licht beabsichtigt und welche Vorteile sich aus jenem ergeben.

Mit dem Masterplan Licht instruiert Wien eine einheitliche Grundbeleuchtung. Unterschiedliche Lichtkörper wie Laternen oder Leuchten sollen sowohl ästhetisch als auch standardisiert und aufeinander abgestimmt sein, um einerseits eine optisch ansprechende Szenerie zu kreieren und andererseits Wartung und Reparatur zu erleichtern. Ausreichend Beleuchtung schafft außerdem Sicherheit im Verkehr und in Problemzonen; Der Gefahr und Angst vor dunklen Hintergassen kann man mit Lichtanlagen hervorragend entgegenwirken. LED-Lampen haben außerdem den Vorteil sehr viel energieeffizienter zu sein, als Beleuchtungsanlagen es noch vor einigen Jahrzehnten waren. Energieersparnisse möchte man auch durch gelegentliches Dimmen von Straßenbeleuchtung oder Fassadenaufhellungen ab Mitternacht erreichen (Stadt Wien 2016: 13).

Im Zuge dieser Seminararbeit ist die Inszenierung, welche Licht mit sich bringen kann, der Aspekt des Wiener Masterplans Licht, den ich im Folgenden insbesondere hervorheben möchte. Lichtdesign ist ein Thema wachsender Bedeutung in der Stadtplanung, da sich Licht hervorragend eignet ästhetische Szenerien zu generieren und einen Fokus zu setzen (Köhler & Walz 2014: 100). Darüber hinaus beabsichtigt die Lichtinszenierung nicht nur eine kunstvolle Gestaltung des Raumes sondern die Produktion von jenem. Mit entsprechendem Lichtdesign gelingt es während den Dunkelstunden Räume im Zuge ihrer Inszenierung zu erschließen und zu strukturieren (Köhler & Walz 2014: 127).

Mit einer optimalen Lichtgestaltung möchte man in Wien Atmosphäre und Illusion schaffen, ein einzigartiges Stadtgefühl kreieren sowie sichere und attraktive Räume auftun. Mit der immensen Bedeutung des Lichtdesigns für eine Stadt entsteht eine große Verantwortung für die Planung der verschiedenen Beleuchtungsanlagen, die in Wien auch von Architekten übernommen wird. In der österreichischen Hauptstadt gibt es nur eine ausgewählte Varianz an Beleuchtungsfamilien, damit jene einheitlich und aufeinander abgestimmt sind, gleichzeitig aber auch nicht den Anblick eines einfallslosen Stadtbildes erzeugen (Stadt Wien 2016: 13). Licht, das der Orientierung und Sicherheit dient, macht in etwa 95% der Beleuchtungstechniken in Wien aus, die restlichen 5% gehören nicht der Grundbeleuchtung an, sie fallen unter den Begriff der Spezialbeleuchtungen, auf die ich nun genauer eingehen möchte (Stadt Wien 2016: 30).

Der Masterplan Licht verfolgt das Ziel die Besonderheiten Wiens absichtlich zu inszenieren. Die Außenwirkung charakteristischer Orte und städtischer Bauwerke Wiens soll mit Hilfe passender Lichttechniken noch stärker werden. Des Weiteren kann man Orte mit Hilfe von Lichtinszenierung durch ein starkes, aufsehenerregendes Licht hervorheben und wiederum andere Orte durch eine absichtliche Lichteinsparung vernachlässigen. Der Vorteil, der in der Nacht entsteht, ist schlussfolgernd, dass die Stadt in der Lage ist den Fokus mit Hilfe jener Lichtinszenierung künstlich zu verschieben (Köhler & Walz 2014: 126). Zu der Kategorie der Spezialbeleuchtungen in Wien gehören Bauwerk-, sowie temporäre Effektbeleuchtungen, die für bestimmte Veranstaltungen individuell installiert werden können. Beleuchtete Werbetafeln und Auslagen von Geschäften gehören genau wie private Lichtquellen ebenso zu den Spezialbeleuchtungen (Stadt Wien 2016: 32-33).

Abb. 4: Wiener Hofburg bei Nacht (Stadt Wien 2016: 12).

Zeitweise sind in der österreichischen Hauptstadt auch verschiedene Künstler in der Lichtinszenierung involviert. Die Einzigartigkeit, die durch Lichtkunstwerke entsteht, impliziert eine ästhetische, emotionale sowie poetische Atmosphäre. Die Kunstwerke sind hierbei komplett unterschiedlicher Natur: Beispielsweise beinhaltet eines der Lichtkunstwerke einen gelblich beleuchteten Nebel; bei einem anderen arbeitet der Künstler mit sich bewegenden Lichtkörpern. Jedes der Kunstwerke hat allerdings insofern eine Gemeinsamkeit, als dass sie alle Interpretationsspielraum für Einwohner und Besucher Wiens bieten (Stadt Wien 2016: 34).

Die Bestrahlung von Gebäudefassaden, bei der man zwischen bauwerksferner und der präferierten bauwerksnahen Beleuchtung unterscheidet, ist innerhalb der Wiener Lichtinszenierung von großer Bedeutung. Gebäudebeleuchtungen können allerdings unmöglich generalisiert geplant werden; während der Planung muss auf jedes Bauwerk individuell eingegangen werden, um flexibel auf die Architektur von jenem eingehen zu können. Eine optimale Gebäudebeleuchtung bettet sich nahtlos in den Baustil eines Objektes ein (Stadt Wien 2016: 31).

Mit Einführen des Masterplans Licht versucht Wien die Stadt im Gesamten zu betrachten; der Fokus liegt somit nicht nur auf Straßen- und Gebäudebeleuchtung, auch die topographischen Besonderheiten Wiens sollen durch gezieltes Lichtdesign in Szene gesetzt werden. So sind beispielsweise auch die Wiener Gewässer Teil der Inszenierung durch Licht. An der Donau kreiert man durch ausreichende Beleuchtung auch in der Nacht ästhetische Erholungs- und Freizeiträume. Am Donaukanal wird durch das Anleuchten grauer Mauerflächen am Ufer Atmosphäre geschaffen.

Abb. 5: Donaubrücken bei Nacht (Stadt Wien 2016: 24).

In dem Kontext sind auch die Brücken, welche die beiden Uferseiten des Donaukanals miteinander verbinden, zu erwähnen. Jede Brücke leuchtet während der Dunkelstunden in einer anderen Farbe. Die Farbe, in der eine Brücke angestrahlt wird, ist historisch begründet: „Die rot beleuchtete Schwedenbrücke liegt an der Stelle des ehemaligen roten Turmes. Die Marienbrücke erstrahlt in ätherischem Blau. Die Salztorbrücke erinnert an das ehemals mit Gold aufgewogene Salz" (Stadt Wien 2016: 24). Der Wiedererkennungswert der Brücken sorgt dafür, dass jene mehr und mehr zu Identifikationszeichen der Stadt werden.

Abschließend möchte ich festhalten, dass Wien mit dem Masterplan Licht 2016 eine ganzheitliche Lichtinszenierung verfolgt. Das Lichtdesign der einzelnen Stadtstrukturelemente wird nicht generalisiert geplant, sondern immer in Zusammenhang mit der Umgebung von jenem gesetzt. Neben der Grundbeleuchtung, die der Sicherheit und Orientierung dient, ist die Spezialbeleuchtung, die oftmals von Architekten und Künstlern geplant wird, von großer Wichtigkeit, um Wien in den Dunkelstunden zu inszenieren.

7. Probleme

In den vergangenen Kapiteln ist bereits ausführlich dargestellt worden, dass die Inszenierung einer Stadt Ästhetik schafft, Image entwickelt und Aufmerksamkeit kreiert. Mit dem folgenden Kapitel möchte ich die Inszenierung zum Ende meiner Ausführungen noch einmal ein wenig kritischer betrachten und einige der Probleme aufzeigen, die jene Inszenierung impliziert.

Wien ist von Kultur geprägt, die durch einen historischen Akkumulationsprozess über Jahrhunderte entstanden ist. Aufgrund des hohen Stellenwertes der Wiener Kultur gestaltet es sich in der Stadt schwierig neue Werte, Formen oder Ideen zu verbreiten, die mit der Historie nicht unbedingt im Einklang stehen. Musner (2009: 22-23) bestätigt die Annahme in Bezug auf die Wiener Architektur. Die Verhinderung des Baus der Hochhäuser in der Nähe des Bahnhofes um die Jahrtausendwende zugunsten des Canaletto-Blickes ist ein Beispiel für die Schwierigkeiten, welche auf Innovationen und Neuerungen in Wien zukommen können.

Mit der Verdrängung von Subgruppen aus dem öffentlichen Raum impliziert die Inszenierung Wiens ein weiteres Problem. Exemplarisch für diese Verdrängung ist die Umstrukturierung und Inszenierung des Wiener Karlsplatzes zum *Kunstplatz Karlsplatz*. Bis zum Jahre 2010 war der Karlsplatz Treffpunkt der offenen Wiener Drogenszene, galt jedoch auch als Aufenthaltsort vieler verschiedener Szenen und repräsentierte somit einen Ort für Vielfalt und Toleranz. Unter dem gesellschaftlich anerkannten Deckmantel der Kunst und Kultur ist eine Rechtfertigungsebene geschaffen worden, welche die Verdrängung von Subgruppen legitimiert hat, die nicht ins traditionelle Stadtbild passen. Jene Verdrängung hat sich beispielsweise in Form einer dauerhaften Videoüberwachung oder der Entfernung von Sitzmöglichkeiten geäußert (Kadi & Verlic 2019: 144-145). Des Weiteren ist die Toleranzgrenze im Zuge der Erneuerung des Platzes mit Hilfe von neuer Sicherheits- und Ordnungsvorlagen insofern verschoben worden, als das Obdachlose, Drogenkonsumenten sowie soziale Randgruppen am Karlsplatz seit diesem Zeitpunkt unerwünscht sind und beispielsweise in Form von Platzverweisen der Polizei verdrängt werden (Kadi & Verlic 2019: 11). Subgruppen passen nicht ins Wiener Stadtbild, sodass jene aus den zentralen und populärsten Orten Wiens vertrieben und an andere Orte *verschoben* werden.

Neben den sozialen Randgruppen ist auch der Einzelhandel der Umstrukturierung des Karlsplatzes zum Opfer gefallen. Geschäfte entlang der Passage haben ihre Räumlichkeiten für Institutionen und Werke kulturellen Zweckes verlassen müssen. Aufgrund jener Beispiele lässt sich auf das Gleiche schließen, was Hatz bereits herausgestellt hat: „Cultural Economies und symbolische Ökonomien zeigen sich damit auch als Repräsentationen von Machtverhältnissen und

Machtinstrumente zur Verdrängung und Ausschließung nicht kohärenter Repräsentationen urbaner Kultur aus dem öffentlichen Raum" (Hatz 2009: 328).

All diese genannten Probleme werfen die Fragen auf wohin Inszenierung in Wien in Zukunft führen soll und ob es sich mittlerweile nicht sogar schon um eine Überinszenierung der Wiener Kultur handelt, die sie insofern beschränkt, als dass sie nahezu ausschließlich kulturelle Klischees darstellt. Jene Fragen sollen allerdings an anderer Stelle beantwortet werden.

8. Fazit

In Wien lässt sich die Inszenierung einer Stadt an vielen verschiedenen Stellen festmachen. So inszeniert Wien mit der Produktion und Erhaltung des historischen Ambientes, genauestens geplanten Fassaden und Sichtachsen innerhalb der Stadt eine Bandbreite an Aspekten, die symbolischen Ökonomien in Form von Aussehen, Atmosphäre und einem schwer zu beschreibenden Wiener Lebensgefühl zugutekommen. Das Wiener Lichtdesign ist des Weiteren Teil der symbolischen Ökonomie der Stadt; mit Hilfe von Fassadenaufhellungen, Brückenbeleuchtung oder auch Kunstwerken lichttechnischer Art inszeniert man in Wien ein bestimmtes Ambiente, das man in der Form ausschließlich während der Dunkelstunden erleben kann. Kulturelle Ökonomien sind beispielsweise mit den Wiener Sängerknaben, den Wiener Festwochen oder dem Donauinselfest genauso Teil jener Inszenierung. Insbesondere im Zuge der Festivalisierung wird die gesamte Stadt in Szene gesetzt, während der Wiener Festwochen verwandelt sich die Donaustadt zu einer riesigen Kulisse der Festivitäten.

Die Inszenierung hat allerdings auch einige Probleme zur Folge. Die Berufung auf traditionelle Kultur in Wien kann ausschlaggebend dafür sein, dass Innovationen und Neuerungen in Wien einen schweren Standpunkt haben. Zudem impliziert die Aufwertung öffentlicher Plätze, wie jene des Karlsplatzes, Verdrängung im öffentlichen Raum, unter welcher sowohl soziale Minderheiten als auch Geschäfte entlang der Passage leiden. Zudem ist die Inszenierung in Wien in ihrer Breite so überwältigend, dass der Begriff der Überinszenierung zunehmend in den Fokus rückt. Wenn eine komplette Stadt in nahezu all ihren Aspekten durchweg inszeniert ist, stellt sich schließlich auch irgendwann die Frage der Authentizität.

Abschließend ist festzustellen, dass Wien sehr viel Aufwand betreibt, um die Stadt bestens zu inszenieren. Entstehende Probleme sind jedoch nicht zu vernachlässigen, sondern müssen gelöst werden, um eine nachhaltige Attraktivität zu gewährleisten, sowie das hervorragende Image Wiens nicht zu gefährden. Im Optimalfall halten sich Inszenierung und Überinszenierung im Gleichgewicht.

9. Literaturverzeichnis

Fülscher, B. (2014): Kunststadt. Über die Inszeniertheit von Städten mit künstlerischen Mitteln. In: Bohn, R; Wilharm, H. (Hg.): Inszenierung der Stadt. Urbanität als Ereignis. Bielefeld: 145-162.

Grubbauer, M. (2014): Die vorgestellte Stadt: Globale Büroarchitektur, Stadtmarketing und politischer Wandel in Wien. Bielefeld.

Harauer, R.; Landsteiner, G (2004): „Creative Industries" in Wien: Methodologie und Befunde. In: SWS-Rundschau 44 (3): 369-394.

Hatz, G. (2009): Kultur als Instrument der Stadtplanung. In: Fassmann, H.; Hatz, G.; Matznetter, W. (Hg.): Wien - Städtebauliche Strukturen und gesellschaftliche Entwicklungen. Wien: 299-226.

Hueber, F. (2008): Farbgestaltung historischer Fassaden in Wien. Stadtentwicklung Wien, Magistratsabteilung 18 (Hg.). Wien.

Kadi, J, Verlic, M. (2019): Gentrifizierung in Wien. Perspektiven aus Wissenschaft, Politik und Praxis. Wien.

Köhler, D.; Walz, M. (2014): Viel Licht und starker Schatten. Zur Gestaltung von Stadt und Region nach Einbruch der Dunkelheit. In: Bohn, R; Wilharm, H. (Hg.): Inszenierung der Stadt. Urbanität als Ereignis. Bielefeld: 99-128.

Lucas, R. (2005): Der öffentliche Raum als Bühne. Events im Stadt- und Regionalmarketing. Wuppertal (= Wuppertal Papers 154).

Musner, L. (2009): Der Geschmack von Wien: Kultur und Habitus einer Stadt. Darmstadt. Stadt Wien (2016): Licht 2016 – Der Masterplan.

Stadt-wien.at (Hg.) (2022): Donauinselfest 2022: Alles neu beim #DIF22. https://www.stadt-wien.at/veranstaltungen/festival/donauinselfest.html [26.08.2022].

Wilharm, H. (2014) Urbanität und Ereignis. Über die Inszenierung von Architektur und Stadtraum. In: Bohn, R; Wilharm, H. (Hg.): Inszenierung der Stadt. Urbanität als Ereignis. Bielefeld: 229-288.

10. Abbildungsverzeichnis